RHEINISCH-WESTFÄLISCHE AKADEMIE DER WISSENSCHAFTEN

AF368127

Rheinisch-Westfälische Akademie der Wissenschaften

Natur-, Ingenieur- und Wirtschaftswissenschaften   Vorträge · N 387

Herausgegeben von der
Rheinisch-Westfälischen Akademie der Wissenschaften

JÁNOS KERTÉSZ

Tröpfchenmodelle des
Flüssig-Gas-Übergangs und
ihre Computersimulation

Westdeutscher Verlag

368. Sitzung am 4. Juli 1990 in Düsseldorf

CIP-Titelaufnahme der Deutschen Bibliothek

Tröpfchenmodelle des Flüssig-Gas-Übergangs und ihre Computersimulation /
János Kertész. – Opladen : Westdeutscher Verlag 1991
  (Vorträge / Rheinisch-Westfälische Akademie der Wissenschaften : Natur-,
  Ingenieur- und Wirtschaftswissenschaften ; N 387)

NE: Kertész, János; Rheinisch-Westfälische Akademie der Wissenschaften <Düssel-
    dorf> : Vorträge / Natur-, Ingenieur- und Wirtschaftswissenschaften

Der Westdeutsche Verlag ist ein Unternehmen der Verlagsgruppe Bertelsmann International.

ISSN 0066–5754

ISBN 978-3-531-08387-2   ISBN 978-3-322-90065-4 (eBook)
DOI 10.1007/978-3-322-90065-4

Inhalt

János Kertész, Budapest, Köln
Tröpfchenmodelle des Flüssig-Gas-Übergangs
und ihre Computersimulation

1. Einführung   7
2. Tröpfchenmodelle   8
3. Effektive Clusteralgorithmen, Wangs Computersimulationen. 10
4. Identifizierung der Phasen abseits der Dampfdruckkurve 12
5. Fazit und Ausblick 14
Literatur 15

Diskussionsbeiträge
    Professor Dr. rer. nat. *Tasso Springer;* Professor Dr. rer. nat. *János Kertész;*
Professor Dr. rer. nat. *Eckart Kneller;* Professor Dr. rer. nat., Dr. rer. nat.
h. c. *Horst Rollnik;* Professorin Dr. rer. nat. *Sigrid Peyerimhoff;* Dr. rer. nat.
Friedel Hoßfeld; Professor Dr. rer. nat. *Helmut Satz* 16

1. *Einführung*

1869 entdeckte ANDREWS, daß die flüssige Phase ohne das Auftreten von Singularitäten in den thermodynamischen Funktionen in die gasförmige umgewandelt werden kann. VAN DER WAALS gab in seiner berühmten Arbeit über „Das Verhältnis zwischen dem flüssigen und gasförmigen Zustand" dazu die theoretische Deutung. Entsprechend besteht das P-T Phasendiagramm des Flüssigkeit-Gas-Systems aus einer Linie von Phasenübergängen erster Art (Dampfdruckkurve), die in einem kritischen Punkt endet (P: Druck, T: Temperatur, s. Abb. 1a). Wenn die Phasenumwandlung über die Linie durchgeführt wird, haben die ersten Ableitungen der freien Energie, die Entropie und das Volumen einen Sprung. Wird der Prozeß über den kritischen Punkt T_c, P_c geleitet, so treten in dessen Umgebung bestimmte Phänomene auf, wie z. B. kritische Opaleszenz, die mit den Singularitäten der zweiten Ableitungen der freien Energie verbunden sind.

Abb. 1: a) Phasendiagramm des Flüssigkeit-Gas-Phasenübergangs. An der Dampfdruckkurve (dick gezeichnet) sind Gas (oberhalb der Linie) und Flüssigkeit (unterhalb der Linie) unterscheidbar. b) Phasendiagramm des Isingmodells.

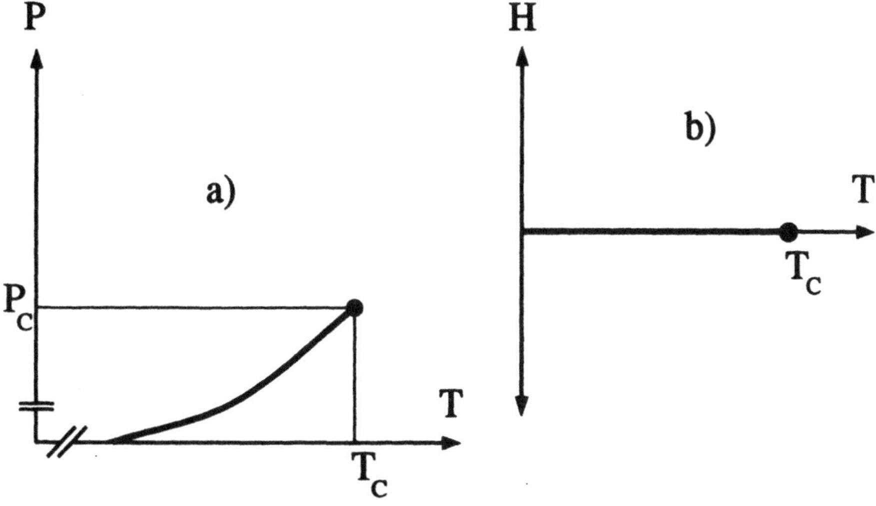

Es gibt aber auch einen dritten Weg. Für Temperaturen über T_c hat es keinen Sinn, über Flüssigkeit *oder* Gas zu sprechen: Das System ist in einem gemeinsamen fluiden Zustand. Da aber anscheinend diese Zustände bis zur Dampfdruckkurve analytisch fortsetzbar sind, ergibt sich die Folgerung, daß die eine Phase in die andere ohne Singularitäten umwandelbar ist, wenn ein Weg von Zuständen gewählt wird, der den kritischen Punkt umgeht. Gleichzeitig gilt, daß die Unterscheidung der beiden Phasen nur auf der Dampfdruckkurve möglich ist, dann also, wenn eine Grenzfläche zwischen der flüssigen und gasförmigen Phase existieren kann. Das bedeutet eine von Null verschiedene Oberflächenspannung; tatsächlich ist der kritische Punkt mit dem Verschwinden der Oberflächenspannung verbunden.

Zwar hat sich dieses Bild vielseitig bewährt und fand sogar 1952 mikroskopische Erklärung in den Arbeiten von YANG und LEE; dennoch werden wir versuchen, es weiterzuentwickeln, indem wir eine Unterscheidung der gasförmigen, flüssigen und allgemein fluiden Phasen auf Grund der Cluster- oder Tröpfcheneigenschaften vorschlagen. Dazu muß zuerst das Problem der geometrischen Beschreibung der Phasenübergänge (Tröpfchenmodelle) erläutert werden. Die Konzeptionen entstanden auf diesem Gebiet in einer fruchtbaren Wechselwirkung zwischen Theorie und Computersimulation: Einerseits wurden Probleme durch Simulationen formuliert, andererseits führten theoretische Überlegungen zu sehr effektiven Algorithmen, die wiederum ermöglichten, die Theorien zu überprüfen.

2. Tröpfchenmodelle

Es ist eine alte Idee, das kooperative Verhalten beim Phasenübergang durch Tröpfchenmodelle zu beschreiben, wonach zum Beispiel der Dampf aus vielen mikroskopischen Flüssigkeits-Tröpfchen besteht. Keimbildung von Regentröpfchen oder in Nebel- und Blasenkammern sind Beispiele, die mit solchen Modellen seit Jahrzehnten recht erfolgreich beschrieben werden. Die Vorstellungen gehen auf die klassischen Arbeiten von VOLMER, BECKER und DÖRING zurück, die schon in den zwanziger-dreißiger Jahren den Keimbildungsprozeß mit der Annahme beschrieben haben, daß sich Tröpfchen der Größe s mit der Wahrscheinlichkeit proportional zu $\exp(-G_s/k_B T)$ bilden, wo G_s die freie Energie für die Tröpfchenbildung ist. Diese freie Energie G_s enthält einen negativen Volumenterm proportional zu s und einen positiven Oberflächenterm proportional zu $s^{2/3}$. So hat G_s ein Maximum bei einer bestimmten kritischen Tröpfchenbildung s^* und G_{s^*} steuert die Bildung größerer Tröpfchen.

Die verlockende Anschaulichkeit des Tröpfchenbildes hat die Physiker dazu veranlaßt, diese Konzeption auch bei der Beschreibung der Phänomene nahe am kritischen Punkt in diesem Rahmen zu versuchen. Arbeiten vom MAYER und FISHER seien hier als Beispiele erwähnt. Als großer Erfolg kann verbucht werden, daß der Perkolationsübergang mit einem modifizierten Tröpfchenmodell sehr gut beschrieben wurde [1]. (Bei der Perkolation handelt es sich um einen geometrischen Phasenübergang. Gitterplätze werden zufällig besetzt und bei einer kritischen Konzentration entsteht ein unendlich großes Cluster benachbarter besetzter Gitterplätze. In diesem Modell entsprechen die Cluster den Tröpfchen).

Ein mikroskopischer Test der Tröpfchenmodelle bei thermodynamischen Systemen war lange problematisch, mangels einer klaren Definition der „Tröpfchen", wie das bei der Perkolation *per se* gegeben ist. Ein wichtiger Schritt ist die Erkenntnis, daß es vorerst unwichtig ist, uns mit den Einzelheiten der Wechselwirkungen zwischen den Molekülen zu befassen. Die Essenz des Problems läßt sich auf ein Gittermodell abbilden, nämlich auf das berühmte Isingmodell. Das ist ein magnetisches Modell, definiert durch die Energiefunktion:

$$E = -J \sum_{<i,j>} s_i s_j - H \sum_i s_i,$$

wo $s_i = \pm 1$ (Spins ↑ und ↓) und die erste Summe über nächsten Nachbarn läuft, J ist die (konstante) Wechselwirkung und H das Magnetfeld. Das H-T Phasendiagramm (Abb. 1b) zeigt offenbare Analogien zur Abb. 1a. Der kritische Punkt ist bei T_c, $H_c = 0$. Für Temperaturen, die kleiner sind als T_c gibt es bei $H = 0$ spontane Magnetisierung, wobei positive Magnetisierung der Dampfphase und negative der flüssigen Phase entspricht. Es ist sicherlich einfacher, die mikroskopische Definition der Tröpfchen in einem so einfachen Modell zu finden als in einer realen Flüssigkeit.

Im Isingmodell auf dem einfach kubischen Gitter zum Beispiel kann man Cluster als Gruppen benachbarter paralleler Spins (d. h. benachbarter besetzter Plätze) definieren. Tatsächlich führt diese Definition bei hinreichend tiefen Temperaturen zu guter Übereinstimmung mit der Keimbildungstheorie [2]. Computersimulationen zeigten aber schon 1974, daß diese Cluster bei einer falschen Temperatur unendlich groß werden [3].

Folgende Kriterien können für ein vollständiges Tröpfchenbild gestellt werden:

1. Die asymptotische Verteilung der Tröpfchen hat die Form:

$$\log n_s \sim -hs - \Gamma s^{2/3} \tag{1}$$

wobei n_s die Zahl der Tröpfchen der Größe s ist, $h = 2H/k_B T$ und Γ ein Term proportional zur Oberflächenspannung.

2. Das unendliche Tröpfchen der Spins ↑ (↓) erscheint, wenn die Magnetisierung positiv (negativ) wird.

3. Die Perkolationsexponenten, die durch das Tröpfchenproblem definiert sind, stimmen überein mit den entsprechenden thermischen Exponenten am kritischen Punkt.

4. Die Veränderungen in den Perkolationseigenschaften der Tröpfchen sollten auch für $H \neq 0$ physikalische Bedeutung haben.

Kriterien 1, 2 und 4 sind naheliegend. Kriterium 3 folgt daraus, daß von einer Tröpfchenbeschreibung auch die richtige Widerspiegelung der Fluktuationen verlangt wird.

1980 haben CONIGLIO und KLEIN folgende Tröpfchendefinition vorgeschlagen [4]: Nehmen wir Gleichgewichtskonfigurationen eines Ising-Systems. Parallele benachbarte Spins gehören nun nur dann zum gleichen Tröpfchen, wenn sie durch sog. Kasteleyn-Fortuin-Bindungen verknüpft sind; diese Bindungen sind zwischen zwei benachbarten parallelen Spins nur mit der Wahrscheinlichkeit $1 - \exp(-2J/k_BT)$ gegeben.

Nun kann diese Definition mit Hilfe eines Computers getestet werden. Um möglichst große Systeme mit hinreichender Statistik simulieren zu können, waren spezielle Verfahren *(multi-spin-coding)* und Cluster-Abzählungsalgorithmen notwendig. Ein fundamentales Problem bei der Simulation ist das *critical slowing down:* In der Umgebung des kritischen Punktes werden die für die Equilibrierung gebrauchten Rechenzeiten extrem lang. Es ist gelungen zu zeigen, daß für die Coniglio-Klein-Tröpfchen die Kriterien 2 und 3 im Fall $H = 0$ erfüllt sind [5]. Abweichungen wurden aber bei 1 beobachtet und 2 bzw. 4 wird für den Fall $H \neq 0$ verletzt; ein Perkolationsübergang auf einer Linie $H(T)$ charakterisiert das Modell.

SWENDSEN und WANG [6] haben das Magnetfeld durch einen Geisterspin berücksichtigt, indem Spins mit der Wahrscheinlichkeit $1 - \exp(-h)$ auch noch verbunden sind mit einem außerhalb des Gitters gedachten Spin $(h = 2H/k_BT)$. Mit dieser Definition konnten nun die alten Konzeptionen der Tröpfchenmodelle zum größten Teil durch umfangreiche Computersimulationen bestätigt werden.

3. Effektive Clusteralgorithmen, Wangs Computersimulationen

Neben diesen mehr theoretischen Fortschritten lieferten SWENDSEN und WANG aber auch noch einen Trick, Rechenzeit zu sparen bei der Computer-Simulation von Isingmodellen [6]. Statt wie üblich einen einzelnen Spin umzudrehen (mit der bei gegebener Temperatur richtigen thermodynamischen Wahrscheinlichkeit $\exp(-\text{Energie}/k_BT)$), flippen sie jetzt gleich die ganzen „Tröpfchen", wie oben definiert. Die Temperatur tritt jetzt nur in den Kasteleyn-Fortuin-Bindungen auf, gemäß ihrer Wahrscheinlichkeit $1 - \exp(-2J/k_B T)$.

Dieser Cluster-Algorithmus und seine von WOLFF [7] entwickelte Variante beschleunigen erheblich die Relaxation ins Gleichgewicht. Bei normalen Computersimulationen muß man, wie bei vielen Laborexperimenten, lange warten, bis das System von einer Anfangskonfiguration ins thermodynamische Gleichgewicht kommt. Diese Relaxationszeit divergiert am kritischen Punkt mit einer Potenz des Abstands von T_c (oder bei $T = T_c$ mit einer Potenz der Systemgröße). Bei den Cluster-Algorithmen divergiert diese Zeit nur logarithmisch oder mit einer relativ kleinen Potenz. Wenn man sich also nicht gerade für diese Relaxationszeit interessiert, kann der Computer bei den Cluster-Algorithmen mit viel weniger Iterationen als bei traditionellen Simulationen auskommen, insbesondere genau am kritischen Punkt. Zum Beispiel divergiert die Relaxationszeit bei $T = T_c$ mit L^2 im alten Verfahren und nur noch mit $L^{1/3}$ mit der SWENDSEN-WANG-Methode (L = Lineardimension des Gitters).

Abb. 2: Abhängigkeit der Tröpfchenzahl von der Oberfläche und vom äußeren Feld $h = 2H/k_B T$ bei $T = T_c$ [8].

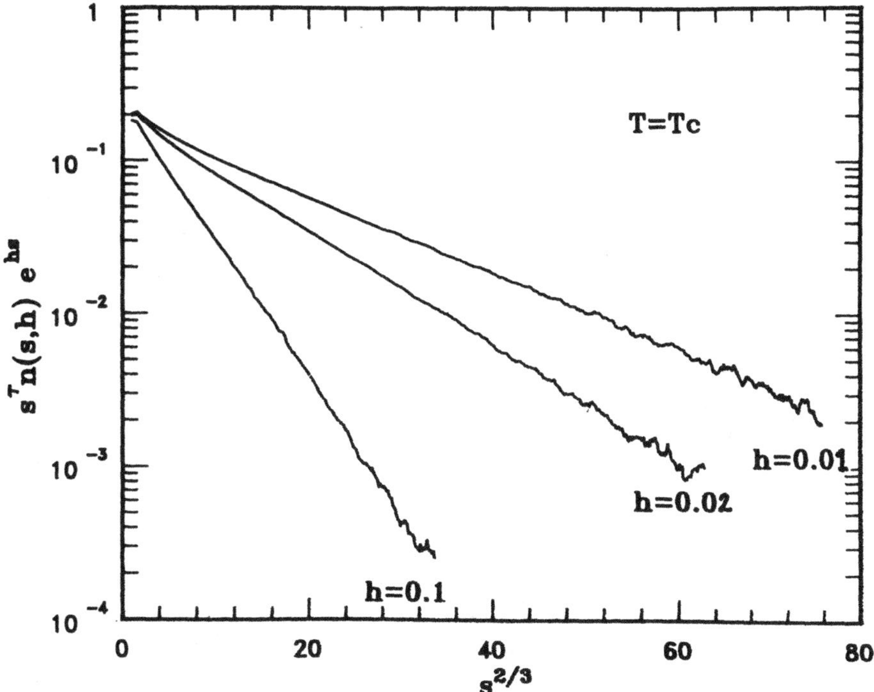

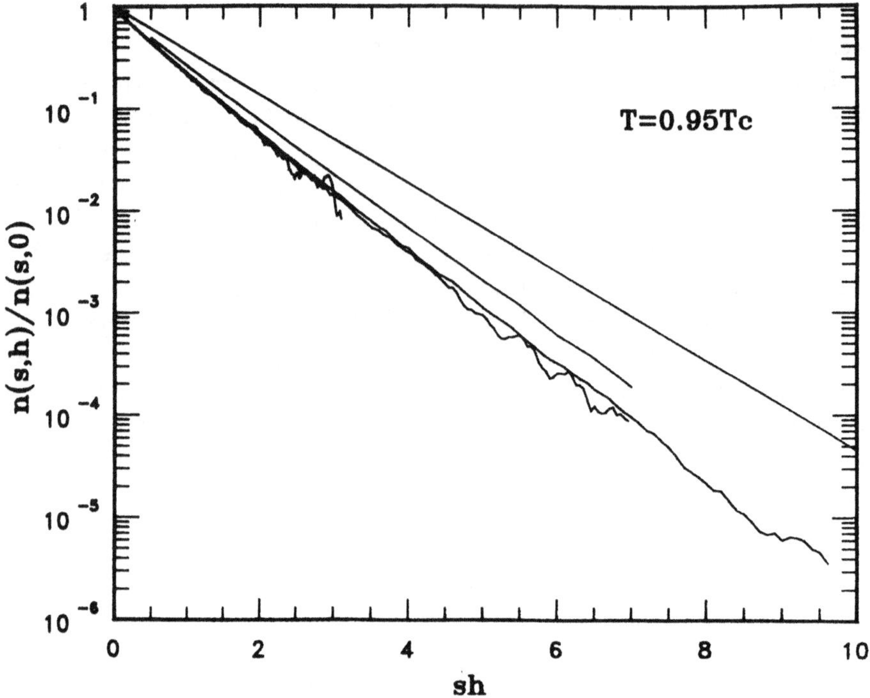

Abb. 3: Feld- und Größenabhängigkeit der Tröpfchenzahl bei $T = 0,95\ T_c$ [8].

So ist es WANG am HLRZ Jülich gelungen, die Coniglio-Klein-Swendsen-Wang-Definition der Tröpfchen gründlich zu untersuchen [8]. Abb. 2 zeigt die Abhängigkeit der Tröpfchenzahl von der Oberfläche, $s^{2/3}$, für $T = T_c$, und Abb. 3 die Feld- und Tröpfchengrößenabhängigkeit für den Fall $T = 0,95\ T_c$. Diese herausgegriffenen Ergebnisse zeigen schon die Leistungsfähigkeit der neuen Methoden. Insbesondere ist es möglich geworden, die Krümmungen in der Abb. 3 zu zeigen und damit die mögliche asymptotische Erfüllung des Kriteriums 1 zu beweisen.

4. Identifizierung der Phasen abseits der Dampfdruckkurve

Die mit der Einführung des Geisterspins modifizierte Tröpfchendefinition hat den Vorteil, daß auch Kriterium 2 erfüllt wird: Der dubiose Perkolationsübergang $H(T)$ verschwindet, da durch den Geisterspin für $T > T_c$ immer jeweils das unendliche Tröpfchen eingeschaltet wird, wenn nur $H \neq 0$.

Perkolationseigenschaften können sich aber auch weniger dramatisch ändern, als es an einem kritischen Punkt der Fall ist, wo ein unendliches Cluster entsteht. Wenn die Clusterverteilung sich in einer fundamentalen Weise ändert, muß es gemäß Kriterium 4 eine physikalische Bedeutung haben.

Es ist bekannt, daß die Verteilung der endlichen Perkolationscluster ohne Geisterspin eine ganz andere Form hat, abhängig davon, ob ein unendliches Cluster existiert oder nicht. In der Präsenz des unendlichen Clusters gilt $\log n_s \alpha - const\ s^{2/3}$, im anderen Fall $\log n_s \alpha - konst\ s$. Falls wir einen Geisterspin einschalten, haben wir zwar immer ein unendliches Cluster, aber die Verteilung wird sich daran „erinnern", daß ein Phasenübergang vorhanden war. Das bedeutet für die Clusterverteilungen einen Übergang von der Form $\log n_s \alpha - hs - const\ s^{2/3}$ zur Form $\log n_s \alpha - (h + konst)\ s$, wo h das Geisterfeld ist. In anderen Worten: Es bleibt eine schwache Singularität in der Clusterverteilung.

Das ist aber genau der Fall bei der Unterdrückung des unerwünschten Phasenübergangs durch das Einschalten des Swendsen-Wang-Geisterspins! Der Perkolationsübergang für $H \neq 0$ verschwindet, aber in der Tröpfchenverteilung bleibt also eine schwache Singularität auf der Linie $H(T)$. Nun muß überprüft werden, ob für diese Singularität Kriterium 4 erfüllt wird.

Wir haben die folgende, anschaulich physikalische Bedeutung für die Linie $H(T)$ vorgeschlagen [9]: Die Keimbildungstheorie geht davon aus, daß die Aufteilung der freien Energie der Tröpfchen in Oberflächen- und Volumen-Terme nicht nur auf der Dampfdruckkurve möglich ist. Nun ist es aber naheliegend, daß für hinreichend hohe Temperaturen keine Oberflächenspannung, also auch kein Oberflä-

Abb. 4: Schematisches Phasendiagramm des Isingmodells. Bereich I entspricht den „gasförmigen", II den flüssigen und III den fluiden Zuständen.

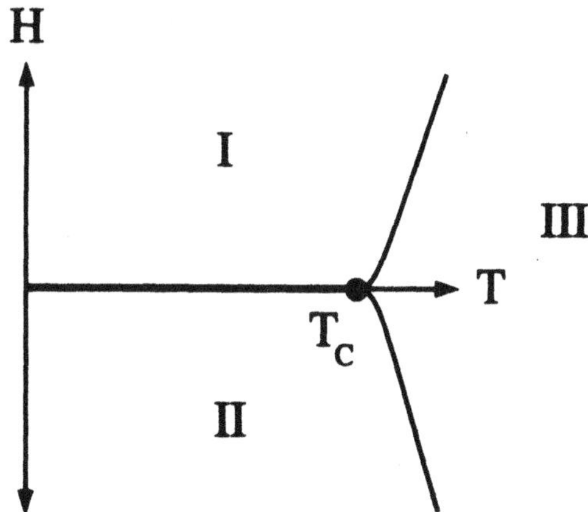

chenterm in der freien Energie existieren kann. Das bedeutet einen genau solchen Übergang in der Tröpfchenverteilung, wie wir ihn auf der *H(T)* Kurve haben! Unser Vorschlag ist also, diese Linie mit der physikalischen Linie zu identifizieren, wo die Oberflächenspannung der (sehr seltenen) Tröpfchen verschwindet. Es kann mathematisch gezeigt werden, daß diese Annahme zu keinem Widerspruch mit den exakten Ergebnissen über die Analytizität der freien Energie führt.

Die Linie der schwachen Singularitäten in der Tröpfchenverteilung ermöglicht, die Phasen entfernt von der Koexistenzkurve zu identifizieren. Abb. 4 zeigt das entsprechende schematische Phasendiagramm des Isingmodells, wo mit I, II und III die Phasen bezeichnet sind, die den flüssigen, den gasförmigen und den fluiden Zuständen entsprechen.

5. Fazit und Ausblick

In enger Zusammenwirkung zwischen Theorie und Computersimulation ist es gelungen, ein brauchbares Tröpfchenmodell zu konstruieren, das weder mit der Keimbildungstheorie noch mit der Theorie der Phasenübergänge zweiter Art im Widerspruch steht. Ferner scheint es möglich zu sein, mit Hilfe des Modells die Phasen nicht nur auf der Dampfdruckkurve zu identifizieren.

Es wäre wünschenswert, die weiteren Konsequenzen dieser Theorie zu erörtern, insbesondere die Wichtigkeit der Ising-Symmetrie zu überprüfen. Es ist relativ einfach, die obigen Überlegungen auf allgemeine Potts-Modelle zu erweitern; die Beschreibung realer Flüssigkeiten ist sicherlich eine viel schwierigere Aufgabe.

Zu den Computersimulationen soll noch erwähnt werden, daß das Verfahren schon von den Elementarteilchen-Physikern bei der Simulation des Higgs-Feldes erfolgreich angewandt wurde. Gittereichtheorien für Quantenchromodynamik sind leider komplizierter als Ising-Modelle, und trotz erster Erfolge bei einfacheren Eichmodellen ist eine Übertragung dieser Clusteralgorithmen auf die für die Hochenergie-Physik relevanten Modelle bisher nicht gelungen. Möglicherweise ist der Aufruf von K. WILSON für die Suche nach Methoden à la Quantenchemie ein Anstoß in die Richtung der Lösung des Problems. Sobald das gelingen sollte, wird sich die Frage nach den dafür besten Computern stellen, denn vektorisiert wurden diese Cluster-Algorithmen nicht. Nichtvektorisierende, aber massiv parallele Rechner könnten dann effizienter sein als eine Cray.

An dieser Stelle möchte ich DIETRICH STAUFFER dafür danken, daß er mich in dieses Thema eingeführt hat, auch für die vielen anregenden Diskussionen und für seine Hilfe mit dem Manuskript.

Nachtrag bei der Korrektur

Vorläufige Reihenentwicklungen von J. ADLER und D. STAUFFER (Januar 1991) bestätigen die Existenz schwacher „Singularitäten" entlang der Linie zwischen den Bereichen I und III in Abb. 4.

Literatur

[1] STAUFFER, D.: Phys. Rep. 54 (1979), 1.
[2] BINDER, K. und STAUFFER, D.: Adv. Phys. 25 (1976), 345.
[3] MULLER-KRUMBHAAR, H.: Phys. Lett. 50A (1974), 27.
[4] CONIGLIO, A. and KLEIN, W.: J. Phys. A13 (1980), 2775.
[5] KERTÉSZ, J., STAUFFER D. and CONIGLIO A.: in "Percolation structures and processes", ed: ZALLEN, R., DEUTSCHER, G. and ADLER, J., (Hilger, London, 1983), p. 121.
[6] SWENDSEN, R. and WANG, J. S.: Phys. Rev. Lett. 58 (1987), 86.
[7] WOLFF, U.: Phys. Rev. Lett. 62 (1989), 361.
[8] WANG, J. S.: Physica A 161 (1989), 249.
[9] KERTÉSZ, J.: Physica A 161 (1989), 58.

Diskussion

Herr Springer: Für mich ist der Übergang zwischen Tröpfchen und Clustern etwas schwer zu verstehen. Ein klarer Unterschied ist für mich, daß ein Tröpfchen eine Oberfläche hat, das heißt, es gibt Atome in einer Schicht, die anders als die anderen sind. Bei den kleinen Clustern kann man den Unterschied nicht mehr machen. Wenn man also den Unterschied zwischen Tröpfchen und Cluster aufhebt, dann wird für mich alles schwerer verständlich.

Das als Kommentar, und jetzt eine Frage: Wenn man zum Beispiel Streuung von Licht, also die kritische Opaleszenz, untersucht, so bestimmt man mit dieser die Paarkorrelationsfunktion, und nichts sonst. Die Streuung nimmt nahe T_c stetig zu. Auch die Korrelationslänge nimmt gleichmäßig zu und hat dann die Singularität. Gibt es eine andere Eigenschaft, die man zum Beispiel durch eine Streuung höherer Ordnung finden könnte, und die dann Unterschiede aufdeckt, die sich in der Paarkorrelationsfunktion nicht finden, die vielleicht etwas zu tun hat mit dem Übergang vom Tröpfchen zum Cluster?

Herr Kertész: Die Breite der Oberfläche eines makroskopischen Systems ist nicht immer klein. Sie ist mit der Korrelationslänge gegeben, also wird sie in der Nähe des kritischen Punktes beliebig groß. Das zeigt schon die Probleme mit der mikroskopischen Definition des Tröpfchens. Tief unterhalb des kritischen Punktes hat man auch keine Schwierigkeiten; dann taugen auch die einfachen Cluster als gute Tröpfchendefinition. Das wurde vielfach bewiesen. Schwierigkeiten treten in der Nähe des kritischen Punktes auf, wo die Oberfläche dadurch verschwommen ist, daß die Korrelationslänge so groß wird.

Zu Ihrer Frage. Es ist mir zur Zeit nicht klar, wie ein direkter Zusammenhang zu Experimenten hergestellt werden kann, wenn es um die H(T)-Linie geht. Die Oberflächenspannung kann (wenn überhaupt) nur für seltene große Cluster existieren, und die tauchen mit exponentiell kleiner Wahrscheinlichkeit auf. Es ist wahrscheinlich möglich – und verständlicherweise bemühe ich mich darum –, in Computersimulation oder mit anderen Computermethoden wie Reihenentwicklung dieser Frage näherzukommen.

Herr Kneller: Herr Springer, ich glaube, das, was Sie fragen und was mich genauso beunruhigt, hängt doch daran, daß Sie einem Algorithmus eine physikalische Bedeutung zuordnen wollen. Das ist doch eigentlich das Problem. Sie merken, daß Sie hier mit einem Algorithmus ein Ergebnis bekommen, mit dem man, sagen wir, leben könnte, aber Sie wissen nicht genau, was die Physik dieses Algorithmus ist.

Herr Kertész: Ich merke am Algorithmus, daß er sehr viele Elemente der Physik beinhaltet, und ich versuche dann zu verallgemeinern und auch die Teile ernst zu nehmen, die nicht als Input vorhanden waren.

Herr Rollnik: Ich habe auch ein paar Schwierigkeiten bei dem Weg 3 von der Flüssigkeit zum Dampf, den Sie geschildert haben. Man fängt ja nun wirklich mit einer Flüssigkeit an, und nachher ist es Dampf. Das ist doch wohl richtig.

Herr Kertész: Ja.

Herr Rollnik: Danach sagten Sie: Auf dem großen Kreis, der von unten nach oben führt, merkt die Freie Energie nicht, daß der Weg von einer Phase zu einer anderen führt. Sie ist eine analytische Funktion ohne Singularitäten. Aber in Bezug auf die Physik muß doch irgendwo etwas passieren.

Herr Kertész: Das ist auch meine Meinung.

Herr Rollnik: Heißt das, daß man noch nicht die richtigen Observablen genommen hat, um den Phasenübergang explizit zu sehen? Wenn man „hingucken" könnte, würde man es ja merken, daß es einmal füssig und einmal gasförmig ist.

Herr Kertész: Ich hoffe, daß das, was hier geschildert wurde, ein Schritt in die Richtung ist, um zu zeigen, welche Größen wichtig sind. Es sind Größen, die leider mit sehr unwahrscheinlichen Ereignissen zusammenhängen und deshalb experimentell sehr schwer erfaßbar sind.

Herr Rollnik: In Computerexperimenten?

Herr Kertész: In Computerexperimenten kann man viel machen.

Herr Rollnik: In realen Experimenten?

Herr Kertész: Ja. Wenn man die Ansätze der Nukleationstheorie ernst nimmt, dann ist es klar, daß irgendwo in dem Bereich $H \neq 0$ die Oberflächenspannung verschwinden muß. In diesem Sinne ist also die Existenz einer solchen $H(T)$-Linie völlig klar. Die Frage ist, ob die Identifizierung dieser Linie oder dieser Punkte mit denen, die von diesem Modell oder, wenn Sie so wollen, von diesem Algorithmus kommen, berechtigt ist.

Herr Rollnik: Mir ist aufgefallen, daß ihre Erfahrungen mit dem Weg 3 möglicherweise eine Analogie in Modellen haben, die die Feldtheoretiker interessieren, den Higgs-Modellen. Da gibt es auch gewisse Wege, wo alles analytisch ist, obwohl dazwischen Phasenübergänge liegen. Das wäre für mich ein Beispiel, wie eng diese beiden Gebiete miteinander verbunden sind. Es ist wohl eines der faszinierenden Ergebnisse, daß Dinge, die mit der Alltagsphysik zu tun haben, und diese Elementarteilchenphysik, so weit weg sie von uns sein mag, doch wieder in der physikalischen Struktur, jedenfalls in der theoretischen physikalischen Struktur, zusammenhängen.

Sehen Sie auch eine engere Verbindung zwischen Ihrem Weg 3 und diesen Higgsfeldtheoretischen Modellen, wo ebenfalls solche analytischen Zusammenhänge auftreten?

Herr Kertész: In diesem Fall ist es eigentlich ziemlich klar, was passiert. Wir haben einen kritischen Endpunkt, und ein solcher kritischer Endpunkt kann laut Yang und Lee immer analytisch umgangen werden. Im Moment kann ich nicht beantworten, in welchem Zusammenhang das mit Higgs-Feldern steht.

Frau Peyerimhoff: Erstens freue ich mich natürlich, daß andere Leute die Ohren spitzen, um zu erfahren was die Quantenchemiker seit vielen Jahren gemacht haben. Zweitens wollte ich eine Frage stellen. Wenn Sie Ihre Cluster definieren, haben Sie so etwas wie eine Bindungsordnung drin – P-Bond –, und dann haben Sie die roten Striche gezogen. Habe ich etwas übersehen? Kann man die roten Striche qualitativ ziehen? Oder muß man sie ausrechnen? Kann man es auch qualitativ verstehen, wie man die Striche macht?

Herr Kertész: Die Wahrscheinlichkeiten, mit denen die Striche gezogen werden, sind durch die Wechselwirkung und die Temperatur gegeben. Um in konkreten Fällen zu entscheiden, ob ein Bond besetzt wird oder nicht, muß man schon „würfeln“.

Herr Hoßfeld: Da ich selbst aus der Computerlandschaft komme, bin ich auch sehr oft mit den Vorwürfen aus anderen Fachdisziplinen konfrontiert, daß sich die Computerleute so verhalten, wie wenn einer einen Hammer hat, für den die Welt aus Nägeln besteht.

Dieser Vorwurf gilt insbesondere für die vielfache Anwendung des Ising-Modells, das für die Modellierung magnetischer Systeme für mich außer Zweifel ist. Aber ich bin mittlerweile zu weit weg von der Physik, um die Motivation für so etwas wie beispielsweise diesen Geisterspin zu verstehen. Das erscheint mir wie eine Gewaltaktion, um das Ising-Modell zur Anwendung in einem Feld zu zwingen.

Könnten Sie dazu etwas sagen, wo die physikalische Motivation für einen solchen Geisterspin herkommt? Mir scheint nämlich die Aussage von Kenneth Wilson, der das Ganze ja nun, salopp gesagt, angezettelt hat, symptomatisch zu sein, daß er eigentlich aus dieser Welt der Gittersimulationen zur Physik oder zur Quantenchemie zurückfinden möchte. Wie motiviert sich dieser „grüne" Überspin von der Physik her, nachdem, wie Herr Springer ja sagte, schon das Verständnis eines Tröpfchens hier irgendwie aussetzt? Wenn ich normale Flüssigkeitströpfchen betrachte, verstehe ich auch nicht, was das Magnetfeld ist, das man da ein- und ausschalten kann. Wenn Sie dazu vielleicht noch etwas sagen könnten.

Herr Kertész: Zunächst zum Ising-Modell und zu magnetischen Systemen. Eigentlich ist das Ising-Modell in gewissem Sinne mehr geeignet, um Flüssig-Gas-Übergänge als magnetische Übergänge zu beschreiben, weil es nur eine sehr beschränkte Art von Magneten ist, auf die es anwendbar ist, nämlich die extrem anisotropen Magnete. Wenn man in Universalitätsklassen denkt, die bezüglich der Phasenübergänge zweiter Art zu verstehen sind, dann ist es so, daß in dem Ising-Modell die in realen Experimenten zum Flüssig-Gas-Übergang gemessenen Exponenten ausgerechnet werden können. Der Zusammenhang ist also so eng, daß numerische Übereinstimmung zwischen den entsprechenden Exponenten besteht.

Zum Geisterspin. Es ist eigentlich nichts anderes als das, was wir üblicherweise unter einem Magnetfeld verstehen. Ein Magnetfeld kann tatsächlich jeden Spin erreichen. Auch innerhalb des Tröpfchens kann das Magnetfeld einwirken, und deshalb können wir das graphtheoretisch so darstellen, daß ein Gitterpunkt oder ein Geisterspin außerhalb des Modells mit jedem Spin verbunden ist. Das ist vielleicht durch die Sprachweise ein bißchen mystifiziert, aber eigentlich wohl nichts Unerlaubtes.

Dann zu der letzten Frage, was in einem Flüssig-Gas-System dem Magnetfeld entsprechen kann. Diese Abbildung kann man mathematisch durchführen, und dann stellt sich heraus, daß dem Magnetfeld im Flüssig-Gas-System das chemische Potential entspricht, das auch ein „Feld" ist, das zu jedem einzelnen Molekül gekoppelt ist.

Herr Kneller: Ist es so aufzufassen, daß dieser Geisterspin eine beliebig kleine Störung in dem System ist, mit der man natürlich immer rechnen muß, wie mit kleinen Schwankungen des chemischen Potentials zu rechnen ist?

Herr Kertész: Wenn das Magnetfeld klein ist, ist das eine kleine Störung.

Herr Kneller: Es ist oft so, daß ein System sich ohne Störung ganz anders verhält, als wenn kleine Störungen vorhanden sind.

Herr Kertész: Ja, das ist sehr wichtig. Genau am kritischen Punkt tritt eine Instabilität auf. Wenn wir oberhalb des kritischen Punktes sind, ist es nicht so.

Herr Kneller: Also lautet die Antwort ja, daß der Geisterspin im Sinne einer kleinen Störung zu verstehen ist, die in dieser oder jener Richtung wirkt?

Herr Kertész: Mit Einschränkungen am kritischen Punkt. Wenn zum Beispiel das System entscheiden muß, auf welcher der Möglichkeiten die spontane Magnetisierung entstehen muß, dann kann das so aufgefaßt werden.

Herr Satz: Eine kurze Bemerkung zu Herrn Rollniks Frage über die strukturelle Ähnlichkeit. Die derzeitige Vorstellung ist eigentlich schon, daß der Übergang erster Ordnung, den wir gefunden haben, nur bei genügend kleiner Quark-Masse vorliegt und mit Anwachsen der Quark-Masse weggeht, so daß man im Grunde genommen auch eine Dampfdruckkurve als Funktion der Quark-Masse bekommt: Quark-Masse null bis zu einem kritischen Wert erster Ordnung-Übergang, dann ein kritischer Punkt, wo die Sache aufhört, und danach kein Übergang mehr, so daß man an sich auch von Quark-Materie zu hadronischer Materie durch Veränderung der Quark-Masse analytisch kommen müßte, wenn man so etwas machen könnte. Ich meine das rein strukturell, weil Sie die Quark-Masse in der Wirklichkeit wohl eher nicht ändern können. Aber im Prinzip ist die Struktur eigentlich die gleiche.
Wir untersuchen im Moment die fraktale Dimension im Ising-Modell; aber wenn wir im Ising-Modell von der nicht magnetischen Phase auf den kritischen Punkt zugehen und fraktale Strukturen durch Cluster-Größe untersuchen, dann sollte man nach analytischen Überlegungen am kritischen Punkt die Ising-Exponenten wieder bekommen. Was wir aber in der Tat am kritischen Punkt finden, sind die Perkolationsexponenten. Nach Ihren Überlegungen ist das völlig richtig. Man müßte also nicht Ising-Cluster, sondern Perkolations-Cluster mit solchen Gewichten nehmen, um die richtigen Exponenten zu bekommen.

Herr Kertész: Ja. Das ist, glaube ich, die Antwort auf Ihre Frage.

Veröffentlichungen
der Rheinisch-Westfälischen Akademie der Wissenschaften

Neuerscheinungen 1985 bis 1991

Vorträge N Heft Nr.		NATUR-, INGENIEUR- UND WIRTSCHAFTSWISSENSCHAFTEN
342	Heinz Losse, Münster	Die Behandlung chronisch Nierenkranker mit Hämodialyse und Nieren-transplantation
	Ekkehard Grundmann, Münster	Stufen der Carcinogenese
343	Otto Kandler, München	Archaebakterien und Phylogenie
	Achim Trebst, Bochum	Die Topologie der integralen Proteinkomplexe des photosynthetischen Elektronentransportsystems in der Membran
344	Marianne Baudler, Köln	Aktuelle Entwicklungstendenzen in der Phosphorchemie
	Ludwig von Bogdandy, Duisburg	Kontrolle von umweltsensitiven Schadstoffen bei der Verarbeitung von Steinkohle
345	Stefan Hildebrandt, Bonn	Variationsrechnung heute
346	3. Akademie-Forum	Umweltbelastung und Gesellschaft – Luft – Boden – Technik
	Hermann Flohn, Bonn	Belastung der Atmosphäre – Treibhauseffekt – Klimawandel?
	Dieter H. Ehhalt, Jülich	Chemische Umwandlungen in der Atmosphäre
	Fritz Führ u. a., Jülich	Belastung des Bodens durch lufteingetragene Schadstoffe und das Schicksal organischer Verbindungen im Boden
	Wolfgang Kluxen, Bonn	Ökologische Moral in einer technischen Kultur
	Franz Josef Dreyhaupt, Düsseldorf	Tendenzen der Emissionsentwicklung aus stationären Quellen der Luftverunreinigung
	Franz Pischinger, Aachen	Straßenverkehr und Luftreinhaltung – Stand und Möglichkeiten der Technik
347	Hubert Ziegler, München	Pflanzenphysiologische Aspekte der Waldschäden
	Paul J. Crutzen, Mainz	Globale Aspekte der atmosphärischen Chemie: Natürliche und anthropogene Einflüsse
348	Horst Albach, Bonn	Empirische Theorie der Unternehmensentwicklung
349	Günter Spur, Berlin	Fortgeschrittene Produktionssysteme im Wandel der Arbeitswelt
	Friedrich Eichhorn, Aachen	Industrieroboter in der Schweißtechnik
350	Heinrich Holzner, Wien	Hormonelle Einflüsse bei gynäkologischen Tumoren
351	4. Akademie-Forum	Die Sicherheit technischer Systeme
	Rolf Staufenbiel, Aachen	Die Sicherheit im Luftverkehr
	Ernst Fiala, Wolfsburg	Verkehrssicherheit – Stand und Möglichkeiten
	Niklas Luhmann, Bielefeld	Sicherheit und Risiko aus der Sicht der Sozialwissenschaften
	Otto Pöggeler, Bochum	Die Ethik vor der Zukunftsperspektive
	Axel Lippert, Leverkusen	Sicherheitsfragen in der Chemieindustrie
	Rudolf Schulten, Aachen	Die Sicherheit von nuklearen Systemen
	Reimer Schmidt, Aachen	Juristische und versicherungstechnische Aspekte
352	Sven Effert, Aachen	Neue Wege der Therapie des akuten Herzinfarktes Jahresfeier am 7. Mai 1986
353	Alarich Weiss, Darmstadt	Struktur und physikalische Eigenschaften metallorganischer Verbindungen
	Helmut Wenzl, Jülich	Kristallzuchtforschung
354	Hans Helmut Kornhuber, Ulm	Gehirn und geistige Leistung: Plastizität, Übung, Motivation
	Hubert Markl, Konstanz	Soziale Systeme als kognitive Systeme
355	Max Georg Huber, Bonn	Quarks – der Stoff aus dem Atomkerne aufgebaut sind?
	Fritz G. Parak, Münster	Dynamische Vorgänge in Proteinen
356	Walter Eversheim, Aachen	Neue Technologien – Konsequenzen für Wirtschaft, Gesellschaft und Bildungssystem –
357	Bruno S. Frey, Zürich	Politische und soziale Einflüsse auf das Wirtschaftsleben
	Heinz König, Mannheim	Ursachen der Arbeitslosigkeit: zu hohe Reallöhne oder Nachfragemangel?
358	Klaus Hahlbrock, Köln	Programmierter Zelltod bei der Abwehr von Pflanzen gegen Krankheitserreger
359	Wolfgang Kundt, Bonn	Kosmische Überschallstrahlen
	Theo Mayer-Kuckuk, Bonn	Das Kühler-Synchrotron COSY und seine physikalischen Perspektiven

360 *Frederick H. Epstein, Zürich* Gesundheitliche Risikofaktoren in der modernen Welt

   Günther O. Schenck, Mülheim/Ruhr Zur Beteiligung photochemischer Prozesse an den photodynamischen Lichtkrankheiten der Pflanzen und Bäume („Waldsterben')

361 *Siegfried Batzel, Herten* Die Nutzung von Kohlelagerstätten, die sich den bekannten bergmännischen Gewinnungsverfahren verschließen

Jahresfeier am 11. Mai 1988

362 *Erich Sackmann, München* Biomembranen: Physikalische Prinzipien der Selbstorganisation und Funktion als integrierte Systeme zur Signalerkennung, -verstärkung und -übertragung auf molekularer Ebene

   Kurt Schaffner, Mülheim/Ruhr Zur Photophysik und Photochemie von Phytochrom, einem photomorphogenetischen Regler in grünen Pflanzen

363 *Klaus Knizia, Dortmund* Energieversorgung im Spannungsfeld zwischen Utopie und Realität

   Gerd H. Wolf, Jülich Fusionsforschung in der Europäischen Gemeinschaft

364 *Hans Ludwig Jessberger, Bochum* Geotechnische Aufgaben der Deponietechnik und der Altlastensanierung

   Egon Krause, Aachen Numerische Strömungssimulation

365 *Dieter Stöffler, Münster* Geologie der terrestrischen Planeten und Monde

   Hans Volker Klapdor, Heidelberg Der Beta-Zerfall der Atomkerne und das Alter des Universums

366 *Horst Uwe Keller, Katlenburg-Lindau* Das neue Bild des Planeten Halley – Ergebnisse der Raummissionen

   Ulf von Zahn, Bonn Wetter in der oberen Atmosphäre (50 bis 120 km Höhe)

367 *Jozef S. Schell, Köln* Fundamentales Wissen über Struktur und Funktion von Pflanzengenen eröffnet neue Möglichkeiten in der Pflanzenzüchtung

368 *Frank H. Hahn, Cambridge* Aspects of Monetary Theory

370 *Friedrich Hirzebruch, Bonn* Codierungstheorie und ihre Beziehung zu Geometrie und Zahlentheorie

   Don Zagier, Bonn Primzahlen: Theorie und Anwendung

371 *Hartwig Höcker, Aachen* Architektur von Makromolekülen

372 *János Szentágothai, Budapest* Modulare Organisation nervöser Zentralorgane, vor allem der Hirnrinde

373 *Rolf Staufenbiel, Aachen* Transportsysteme der Raumfahrt

   Peter R. Sahm, Aachen Werkstoffwissenschaften unter Schwerelosigkeit

374 *Karl-Heinz Büchel, Leverkusen* Die Bedeutung der Produktinnovation in der Chemie am Beispiel der Azol-Antimykotika und -Fungizide

375 *Frank Natterer, Münster* Mathematische Methoden der Computer-Tomographie

   Rolf W. Günther, Aachen Das Spiegelbild der Morphe und der Funktion in der Medizin

376 *Wilhelm Stoffel, Köln* Essentielle makromolekulare Strukturen für die Funktion der Myelinmembran des Zentralnervensystems

377 *Hans Schadewaldt, Düsseldorf* Betrachtungen zur Medizin in der bildenden Kunst

378 *6. Akademie-Forum* Arzt und Patient im Spannungsfeld:
Natur – technische Möglichkeiten – Rechtsauffassung

   Wolfgang Klages, Aachen Patient und Technik

   Hans-Erhard Bock, Tübingen, Patientenaufklärung und ihre Grenzen
   Hans-Ludwig Schreiber, Hannover

   Herbert Weltrich, Düsseldorf Ärztliche Behandlungsfehler

   Paul Schölmerich, Mainz Ärztliches Handeln im Grenzbereich von Leben und Sterben
   Günter Solbach, Aachen

379 *Hermann Flohn, Bonn* Treibhauseffekt der Atmosphäre: Neue Fakten und Perspektiven

   Dieter Hans Ehhalt, Jülich Die Chemie des antarktischen Ozonlochs

380 *Gerd Herziger, Aachen* Anwendungen und Perspektiven der Lasertechnik

   Manfred Weck, Aachen Erhöhung der Bearbeitungsgenauigkeit – eine Herausforderung an die Ultrapräzisionstechnik

381 *Wilfried Ruske, Aachen* Planung, Management, Gestaltung – aktuelle Aufgaben des Stadtbauwesens

382 *Sebastian A. Gerlach, Kiel* Flußeinträge und Konzentrationen von Phosphor und Stickstoff und das Phytoplankton der Deutschen Bucht

   Karsten Reise, Sylt Historische Veränderungen in der Ökologie des Wattenmeeres

383 *Lothar Jaenicke, Köln* Differenzierung und Musterbildung bei einfachen Organismen

   Gerhard W. Roeb, Fritz Führ, Jülich Kurzlebige Isotope in der Pflanzenphysiologie am Beispiel des 11_C-Radiokohlenstoffs

384 *Sigrid Peyerimhoff, Bonn* Theoretische Untersuchung kleiner Moleküle in angeregten Elektronenzuständen

   Siegfried Matern, Aachen Konkremente im menschlichen Organismus: Aspekte zur Bildung und Therapie

385 *Parlamentarisches Kolloquim* Wissenschaft und Politik – Molekulargenetik und Gentechnik in Grundlagenforschung, Medizin und Industrie

386 *Bernd Höfflinger, Stuttgart* Neuere Entwicklungen der Silizium-Mikroelektronik

ABHANDLUNGEN

Band Nr.

61 *Heinrich Lausberg, Münster* Der Hymnus ›Ave maris stella‹

62 *Michael Weiers, Bonn* Schriftliche Quellen in Moġolī, 3. Teil: Poesie der Mogholen

63 *Werner H. Hauss, Münster* International Symposium 'State of Prevention and Therapy in Human
Robert W. Wissler, Chicago, Arteriosclerosis and in Animal Models'
Rolf Lehmann, Münster

64 *Heinrich Lausberg, Münster* Der Hymnus ›Veni Creator Spiritus‹

65 *Nikolaus Himmelmann, Bonn* Über Hirten-Genre in der antiken Kunst

66 *Elmar Edel, Bonn* Die Felsgräbernekropole der Qubbet el Hawa bei Assuan.
Paläographie der althieratischen Gefäßaufschriften aus den Grabungsjahren
1960 bis 1973

67 *Elmar Edel, Bonn* Hieroglyphische Inschriften des Alten Reiches

68 *Wolfgang Ehrhardt, Athen* Das Akademische Kunstmuseum der Universität Bonn unter der Direktion
von Friedrich Gottlieb Welcker und Otto Jahn

69 *Walther Heissig, Bonn* Geser-Studien. Untersuchungen zu den Erzählstoffen in den „neuen" Kapiteln
des mongolischen Geser-Zyklus

70 *Werner H. Hauss, Münster* Second Münster International Arteriosclerosis Symposium: Clinical Implica-
Robert W. Wissler, Chicago tions of Recent Research Results in Arteriosclerosis

71 *Elmar Edel, Bonn* Die Inschriften der Grabfronten der Siut-Gräber in Mittelägypten aus der
Herakleopolitenzeit

72 *(Sammelband)* Studien zur Ethnogenese
Wilhelm E. Mühlmann Ethnogonie und Ethnogenese
Walter Heissig Ethnische Gruppenbildung in Zentralasien im Licht mündlicher und schrift-
licher Überlieferung

Karl J. Narr Kulturelle Vereinheitlichung und sprachliche Zersplitterung: Ein Beispiel aus
dem Südwesten der Vereinigten Staaten

Harald von Petrikovits Fragen der Ethnogenese aus der Sicht der römischen Archäologie
Jürgen Untermann Ursprache und historische Realität. Der Beitrag der Indogermanistik zu
Fragen der Ethnogenese

Ernst Risch Die Ausbildung des Griechischen im 2. Jahrtausend v. Chr.
Werner Conze Ethnogenese und Nationsbildung – Ostmitteleuropa als Beispiel

73 *Nikolaus Himmelmann, Bonn* Ideale Nacktheit

74 *Alf Önnerfors (Hrsg.), Köln* Willem Jordaens, Conflictus virtutum et viciorum. Mit Einleitung und Kommentar

75 *Herbert Lepper, Aachen* Die Einheit der Wissenschaften: Der gescheiterte Versuch der Gründung einer
„Rheinisch-Westfälischen Akademie der Wissenschaften" in den Jahren 1907
bis 1910

76 *Werner H. Hauss, Münster* Fourth Münster International Arteriosclerosis Symposium: Recent Advances
Robert W. Wissler, Chicago in Arteriosclerosis Research
Jörg Grünwald, Münster

78 *(Sammelband)* Studien zur Ethnogenese, Band 2
Rüdiger Schott Die Ethnogenese von Völkern in Afrika
Siegfried Herrmann Israels Frühgeschichte im Spannungsfeld neuer Hypothesen
Jaroslav Šašel Der Ostalpenbereich zwischen 550 und 650 n. Chr.
András Róna-Tas Ethnogenese und Staatsgründung. Die türkische Komponente in der Ethno-
genese des Ungartums
Register zu den Bänden 1 (Abh 72) und 2 (Abh 78)

79 *Hans-Joachim Klimkeit, Bonn* Hymnen und Gebete der Religion des Lichts. Iranische und türkische Texte der
Manichäes Zentralasiens

80 *Friedrich Scholz, Münster* Die Literaturen des Baltikums. Ihre Entstehung und Entwicklung

81 *Walter Mettmann, (Hrsg.), Münster* Alfonso de Valladolid, ‚Ofrenda de Zelos' und ‚Libro de la Ley'

82 *Werner H. Hauss, Münster* Fifth Münster International Arteriosclerosis Symposium: Modern Aspects
Robert W. Wissler, Chicago of the Pathogenesis of Arteriosclerosis
H.-J. Bauch, Münster

83 *Karin Metzler, Frank Simon, Bochum* Ariana et Athanasiana. Studien zur Überlieferung und zu philologischen Pro-
blemen der Werke des Athanasius von Alexandrien

84 *Siegfried Reiter / Rudolf Kassel, Köln* Friedrich August Wolf. Ein Leben in Briefen. Ergänzungsband, I: Die Texte;
II: Die Erläuterungen

Vol. III: *Stephanie West, Oxford*

The Ptolemaic Papyri of Homer

Vol. IV: *Ursula Hagedorn und Dieter Hagedorn,*
Köln,
Louise C. Youtie und Herbert C. Youtie, Ann Arbor

Das Archiv des Petaus (P. Petaus)

Vol. V: *Angelo Geißen, Köln*
Wolfram Weiser, Köln

Katalog Alexandrinischer Kaisermünzen der Sammlung des Instituts für Altertumskunde der Universität zu Köln
Band 1: Augustus-Trajan (Nr. 1–740)
Band 2: Hadrian-Antoninus Pius (Nr. 741–1994)
Band 3: Marc Aurel-Gallienus (Nr. 1995–3014)
Band 4: Claudius Gothicus – Domitius Domitianus, Gau-Prägungen, Anonyme
     Prägungen, Nachträge, Imitationen, Bleimünzen (Nr. 3015–3627)
Band 5: Indices zu den Bänden 1 bis 4

Vol. VI: *J. David Thomas, Durham*

The epistrategos in Ptolemaic and Roman Egypt
Part 1: The Ptolemaic epistrategos
Part 2: The Roman epistrategos

Vol. VII

Kölner Papyri (P. Köln)

Bärbel Kramer und Robert Hübner (Bearb.), Köln   Band 1
Bärbel Kramer und Dieter Hagedorn (Bearb.), Köln   Band 2
Bärbel Kramer, Michael Erler, Dieter Hagedorn   Band 3
und Robert Hübner (Bearb.), Köln
Bärbel Kramer, Cornelia Römer   Band 4
und Dieter Hagedorn (Bearb.), Köln
Michael Gronewald, Klaus Maresch   Band 5
und Wolfgang Schäfer (Bearb.), Köln
Michael Gronewald, Bärbel Kramer, Klaus Maresch,   Band 6
Maryline Parca und Cornelia Römer (Bearb.)

Vol. VIII: *Sayed Omar (Bearb.), Kairo*

Das Archiv des Soterichos (P. Soterichos)

Vol. IX

Kölner ägyptische Papyri (P. Köln ägypt.)
Dieter Kurth, Heinz-Josef Thissen und   Band 1
Manfred Weber (Bearb.), Köln

Vol. X: *Jeffrey S. Rustern, Cambridge, Mass.*

Dionysius Scytobrachion

Vol. XI: *Wolfram Weiser, Köln*

Katalog der Bithynischen Münzen der Sammlung des Instituts für Altertumskunde der Universität zu Köln
Band 1: Nikaia. Mit einer Untersuchung der Prägesysteme und Gegenstempel

Vol. XII: *Colette Sirat, Paris u. a.*

La *Ketouba* de Cologne. Un contrat de mariage juif à Antinoopolis

Vol. XIII: *Peter Frisch, Köln*
Franco Maltomini, Pisa (Bearb.)

Zehn agonistische Papyri
Band 1

Vol. XIV: *Ludwig Koenen, Ann Arbor*
Cornelia Römer (Bearb.), Köln

Der Kölner Mani-Kodex.
Über das Werden seines Leibes. Kritische Edition mit Übersetzung.

Vol. XV: *Jaakko Frösen, Helsinki/Athen*
Dieter Hagedorn, Heidelberg (Bearb.)

Die verkohlten Papyri aus Bubastos (P. Bub.)
Band 1

Vol. XVI: *Robert W. Daniel, Köln*
Franco Maltomini, Pisa (Bearb.)

Supplementum Magicum
Band 1

Vol. XVII: *Reinhold Merkelbach,*
Maria Totti (Bearb.), Köln

Abrasax. Ausgewählte Papyri religiösen und magischen Inhalts
Band 1: Gebete
Band 2: Gebete (Fortsetzung)

Vol. XVIII: *Klaus Maresch, Köln*
Zola M. Packman, Pietermaritzburg, Natal (eds.)

Papyri from the Washington University Collection, St. Louis, Missouri

Vol. XIX: *Robert W. Daniel, Köln (ed.)*

Two Greek Magical Papyri in the National Museum of Antiquities in Leiden

GPSR Compliance
The European Union's (EU) General Product Safety Regulation (GPSR) is a set
of rules that requires consumer products to be safe and our obligations to
ensure this.

If you have any concerns about our products, you can contact us on

ProductSafety@springernature.com

In case Publisher is established outside the EU, the EU authorized
representative is:

Springer Nature Customer Service Center GmbH
Europaplatz 3
69115 Heidelberg, Germany